Thank you so much for purchasing my book!

If you enjoyed this book, please write a review on Amazon to encourage me to keep writing.

Please contact me at "elmallaly210@gmail.com." Your comments are valuable. And very interesting to me in developing production.

This Book Belongs to :

....

....

....

....

© 2023

X	1	2	3	4	5	6	7	8	9	10
0	0	0	0	0	0	0	0	0	0	0
1	1	2	3	4	5	6	7	8	9	10
2	2	4	6	8	10	12	14	16	18	20
3	3	6	9	12	15	18	21	24	27	30
4	4	8	12	16	20	24	28	32	36	40
5	5	10	15	20	25	30	35	40	45	50
6	6	12	18	24	30	36	42	48	54	60
7	7	14	21	28	35	42	49	56	63	70
8	8	16	24	32	40	48	56	64	72	80
9	9	18	27	36	45	54	63	72	81	90
10	10	20	30	40	50	60	70	80	90	100

Date .... / Score ....

X	1	2	3	4	5	6	7	8	9	10
0										
1										
2							14			
3			9							
4										
5										
6						36				
7										
8									72	
9			27							
10										

Date .... / Score ....

X	1	2	3	4	5	6	7	8	9	10
0										
1										
2										
3										
4										
5										
6										
7										
8										
9										
10										

Date ………………………………………. / Score ………………

2x3=	5x2=	3x2=	4x1=
4x1=	2x2=	4x2=	3x2=
1x5=	3x4=	2x3=	5x2=
5x1=	2x5=	1x2=	4x2=
2x1=	1x4=	2x5=	3x2=
1x3=	4x2=	3x2=	1x5=
2x4=	3x1=	4x1=	5x2=
5x2=	2x3=	1x4=	3x1=
2x5=	1x2=	4x2=	3x2=
1x5=	2x4=	3x4=	5x1=
4x1=	1x3=	5x1=	3x3=
4x2=	3x1=	1x2=	2x4=
3x5=	4x2=	2x3=	5x2=
5x2=	3x2=	1x4=	2x1=

Date .... / Score ....

5x2=

1x5=

2x2=

4x2=

1x4=

5x2=

2x5=

2x3=

4x2=

2x2=

4x2=

3x3=

1x5=

2x4=

2x3=

5x2=

5x1=

3x5=

1x2=

4x2=

2x1=

1x4=

4x2=

3x2=

1x3=

4x2=

3x2=

1x5=

2x4=

3x1=

4x1=

1x3=

5x2=

2x3=

1x4=

3x1=

2x5=

1x2=

4x3=

3x2=

1x5=

2x4=

3x4=

5x1=

4x1=

1x3=

5x1=

3x3=

4x2=

3x1=

1x2=

2x4=

2x5=

4x2=

2x3=

5x2=

Date .... / Score ....

5x2=	3x2=	1x4=	2x1=
5x1=	1x5=	2x2=	4x2=
1x4=	5x2=	2x5=	2x3=
4x2=	2x2=	4x2=	2x3=
1x5=	2x4=	2x3=	2x4=
5x1=	2x5=	1x2=	4x3=
2x1=	1x4=	2x5=	3x2=
1x3=	4x2=	3x2=	1x5=
2x4=	3x1=	4x1=	5x2=
5x2=	2x3=	1x4=	3x1=
2x5=	1x2=	4x1=	3x2=
1x5=	2x4=	2x4=	5x1=
4x1=	1x3=	5x1=	3x1=
4x2=	3x1=	1x2=	2x4=

Date ………………………………….. / Score ………………

2x5=	4x2=	2x3=	5x2=
5x3=	3x2=	1x4=	2x1=
5x4=	1x5=	2x2=	4x3=
1x4=	5x2=	2x5=	2x3=
2x3=	5x2=	3x2=	4x1=
4x2=	2x2=	4x2=	3x2=
1x5=	2x4=	2x3=	4x1=
5x2=	1x4=	4x1=	2x5=
3x2=	1x2=	5x2=	4x2=
1x5=	3x4=	2x3=	4x1=
2x4=	1x2=	2x5=	5x2=
5x2=	4x2=	1x3=	3x1=

Date .... / Score ....

2x1=	4x2=	2x4=	1x5=
5x1=	2x4=	1x3=	2x5=
2x5=	1x2=	4x1=	2x3=
4x2=	1x5=	2x4=	3x1=
5x2=	3x1=	2x1=	4x2=
1x2=	2x5=	3x2=	2x3=
5x2=	3x1=	2x5=	4x2=
1x4=	5x2=	2x3=	3x1=
3x5=	1x2=	4x1=	2x3=
4x2=	1x5=	2x4=	3x1=
5x3=	4x1=	2x1=	2x5=
2x2=	2x5=	3x2=	2x3=
5x2=	3x1=	2x5=	4x2=

Date …………………………….. / Score ………………

2x3=	5x2=	3x3=	4x1=
4x2=	2x2=	4x2=	3x3=
1x5=	2x4=	3x4=	3x5=
5x3=	1x2=	5x1=	4x2=
3x2=	1x4=	4x4=	2x5=
5x2=	3x1=	2x1=	3x5=
1x4=	3x2=	2x3=	4x1=
5x1=	2x4=	3x1=	4x3=
1x3=	2x5=	4x3=	5x1=
3x4=	1x2=	3x5=	2x1=
4x3=	5x3=	2x3=	1x5=
5x3=	3x1=	2x2=	4x1=
1x2=	2x5=	4x2=	3x3=
2x4=	5x1=	1x3=	3x2=

Date ……………………………………. / Score ………………

3x4=	2x3=	3x1=	1x4=
5x2=	4x1=	2x5=	3x4=
1x3=	2x2=	4x3=	2x5=
2x3=	5x2=	3x3=	4x1=
4x2=	2x2=	4x3=	3x3=
1x5=	3x4=	2x3=	4x1=
5x1=	2x4=	4x2=	3x5=
1x3=	3x2=	1x2=	4x3=
3x4=	1x5=	2x4=	3x1=
5x2=	4x1=	2x1=	3x5=
1x4=	4x3=	3x2=	2x1=
2x4=	5x1=	1x3=	4x2=
3x5=	1x2=	4x1=	2x3=
4x2=	1x5=	2x4=	3x1=

Date .... / Score ....

5x3=	4x1=	2x1=	2x5=
1x2=	4x5=	3x2=	2x3=
5x4=	3x1=	2x5=	4x2=
1x4=	5x2=	2x3=	3x1=
3x5=	1x2=	4x1=	2x3=
4x2=	1x5=	2x4=	3x1=
5x3=	4x1=	2x1=	3x5=
1x4=	4x3=	3x2=	2x1=
2x4=	5x1=	1x3=	4x2=
3x5=	1x2=	4x1=	2x3=
4x2=	1x5=	2x4=	3x1=
5x2=	4x1=	2x1=	3x5=
1x2=	2x5=	3x2=	2x3=
5x4=	3x1=	2x5=	4x2=

Date ……………………………………… / Score ………………

2x3=	5x2=	3x3=	4x1=
4x2=	2x2=	4x3=	3x3=
2x5=	3x4=	2x3=	4x1=
5x1=	2x4=	4x2=	3x5=
1x3=	4x2=	1x2=	4x5=
3x4=	2x5=	3x4=	3x2=
5x2=	4x1=	2x1=	3x5=
1x4=	4x3=	3x2=	2x1=
2x4=	5x1=	1x3=	4x2=
3x5=	2x2=	4x1=	2x3=
4x2=	1x5=	2x4=	3x1=
5x3=	4x1=	2x2=	3x5=
1x2=	4x5=	3x2=	2x3=
5x3=	3x1=	2x5=	4x2=

Date .... / Score ....

3x4 =

5x2 =

2x3 =

3x3 =

3x5 =

3x2 =

4x2 =

2x3 =

4x2 =

1x5 =

2x4 =

3x1 =

5x3 =

4x1 =

2x1 =

3x5 =

1x4 =

4x3 =

3x2 =

2x1 =

2x4 =

5x1 =

1x3 =

4x2 =

3x5 =

1x2 =

4x1 =

2x3 =

4x2 =

3x5 =

2x4 =

3x2 =

5x3 =

4x2 =

2x1 =

3x5 =

1x2 =

4x5 =

3x2 =

2x3 =

5x4 =

3x1 =

2x5 =

4x2 =

6x1 =

4x3 =

5x2 =

3x2 =

4x5 =

6x3 =

3x5 =

2x6 =

6x2 =

5x3 =

2x5 =

4x1 =

Date .... / Score ....

5x3=	6x1=	2x6=	2x4=
1x6=	3x4=	5x1=	4x3=
2x5=	6x2=	1x3=	5x2=
3x6=	2x1=	4x3=	5x1=
6x5=	3x2=	1x5=	2x3=
4x6=	2x5=	6x3=	1x2=
5x4=	3x1=	4x2=	6x2=
1x4=	5x2=	6x2=	3x5=
2x3=	5x2=	3x3=	4x1=
4x2=	2x2=	4x3=	3x3=
1x5=	3x4=	2x3=	4x1=
5x1=	2x4=	4x2=	3x5=
1x3=	3x2=	2x2=	4x5=
3x4=	2x5=	2x4=	3x1=

Date .... / Score ....

5x2=   4x2=   2x1=   3x5=

2x4=   4x3=   3x2=   2x3=

2x4=   5x1=   1x3=   4x2=

3x5=   1x2=   4x1=   2x3=

4x2=   1x5=   2x4=   3x1=

5x3=   4x1=   2x1=   3x5=

3x2=   4x5=   3x2=   2x3=

5x4=   3x1=   2x5=   4x2=

6x4=   5x2=   2x3=   3x1=

4x3=   6x1=   4x3=   3x5=

1x4=   5x3=   2x1=   3x5=

6x3=   3x2=   3x2=   5x2=

2x6=   4x1=   2x4=   5x1=

1x6=   3x4=   5x3=   6x2=

Date .... / Score ....

2x5=	6x2=	4x2=	3x6=
6x2=	2x3=	5x4=	1x4=
4x6=	1x5=	3x2=	6x3=
2x6=	5x2=	2x1=	4x3=
6x5=	3x4=	4x4=	2x5=
1x3=	4x5=	5x5=	6x4=
3x6=	6x3=	2x2=	4x1=
6x4=	1x2=	3x5=	4x2=
2x2=	4x6=	3x1=	1x6=
5x3=	2x5=	6x1=	3x4=
3x6=	5x4=	4x1=	2x6=
2x3=	5x2=	3x3=	4x1=
4x2=	2x2=	4x3=	3x3=
1x5=	3x4=	2x3=	4x1=

Date .... / Score ....

5x3=	2x4=	4x2=	3x5=
4x3=	3x2=	2x2=	4x5=
3x4=	3x5=	2x4=	3x3=
5x2=	4x2=	2x3=	3x5=
1x4=	4x3=	3x2=	2x3=
2x4=	5x3=	2x3=	4x2=
3x5=	3x2=	4x3=	2x3=
4x2=	2x5=	2x4=	3x3=
5x3=	4x1=	2x1=	3x5=
1x2=	4x5=	3x2=	2x3=
5x4=	3x2=	2x5=	4x2=
2x4=	5x2=	x23=	4x2=
3x5=	2x2=	4x2=	2x3=
4x2=	1x5=	2x4=	3x2=

Date .... / Score ....

5x3=	4x2=	2x2=	3x5=
2x4=	4x3=	3x2=	2x2=
2x4=	5x2=	2x3=	4x2=
3x5=	2x2=	4x2=	2x3=
4x2=	2x5=	2x4=	3x2=
5x3=	4x2=	2x2=	3x5=
2x2=	4x5=	3x2=	2x3=
5x4=	3x2=	2x5=	4x2=
6x4=	5x6=	6x3=	4x6=
5x2=	4x2=	5x3=	6x2=
2x6=	2x4=	6x2=	3x6=
4x4=	3x2=	5x2=	6x5=
6x3=	2x3=	6x4=	2x5=
5x4=	2x2=	5x5=	3x2=

Date .... / Score ....

6x6=	3x2=	2x6=	4x5=
2x6=	4x3=	6x2=	2x3=
2x3=	5x2=	3x3=	4x2=
4x2=	2x2=	4x3=	3x3=
2x5=	3x4=	2x3=	4x2=
5x2=	2x4=	4x2=	3x5=
2x3=	3x2=	2x2=	4x5=
3x4=	2x5=	2x4=	3x2=
5x2=	4x2=	2x2=	3x5=
2x4=	4x3=	3x2=	2x2=
2x4=	5x2=	2x3=	4x2=
3x5=	2x2=	4x2=	2x3=
4x2=	2x5=	2x4=	3x2=
5x3=	4x2=	2x2=	3x5=

Date .... / Score ....

2x2=	4x5=	3x2=	2x3=
5x4=	3x2=	2x5=	4x2=
2x4=	5x2=	2x3=	3x2=
3x5=	2x2=	4x2=	2x3=
4x2=	2x5=	2x4=	3x2=
5x3=	4x2=	2x2=	3x5=
2x4=	4x3=	3x2=	2x2=
2x4=	5x2=	2x3=	4x2=
3x5=	2x2=	4x2=	2x3=
4x2=	2x5=	2x4=	3x2=
5x3=	4x2=	2x2=	3x5=
2x2=	4x5=	3x2=	2x3=
5x4=	3x2=	2x5=	4x2=
6x2=	4x4=	5x5=	6x2=

Date ………………………………….. / Score ………………….

2x6=	2x5=	3x6=	5x4=
2x6=	5x3=	6x3=	4x5=
3x4=	4x6=	5x6=	6x4=
2x7=	7x2=	2x7=	4x7=
5x6=	6x7=	3x7=	7x4=
2x2=	2x2=	3x3=	4x4=
5x5=	6x6=	7x7=	2x6=
7x2=	7x5=	6x4=	3x7=
6x2=	5x7=	2x7=	2x7=
2x2=	3x4=	7x3=	4x7=
5x2=	6x3=	2x6=	2x2=
7x6=	3x2=	7x2=	4x3=
6x5=	2x7=	2x4=	5x2=
2x3=	5x2=	3x3=	4x2=

Date .... / Score ....

4x2=	2x2=	4x3=	3x3=
2x5=	3x4=	2x3=	4x2=
5x2=	2x4=	4x2=	3x5=
5x3=	3x2=	2x2=	4x5=
3x4=	2x5=	2x4=	3x2=
5x2=	4x2=	2x2=	3x5=
2x4=	4x3=	3x2=	2x2=
2x4=	5x2=	2x3=	4x2=
3x5=	2x2=	4x2=	2x3=
4x2=	2x5=	2x4=	3x2=
5x3=	4x2=	2x2=	3x5=
2x2=	4x5=	3x2=	2x3=
5x4=	3x2=	2x5=	4x2=
2x6=	6x2=	3x4=	5x6=

Date ………………………………….. / Score ………………

3x3=	6x2=	4x6=	5x4=
2x5=	6x4=	5x2=	3x2=
4x3=	2x6=	2x6=	5x3=
6x5=	2x3=	4x5=	2x4=
5x2=	6x3=	2x2=	3x2=
6x4=	2x2=	3x6=	4x2=
6x2=	4x3=	5x2=	2x3=
3x5=	2x2=	4x6=	5x4=
6x2=	3x2=	4x2=	5x3=
2x4=	4x5=	3x2=	2x6=
5x6=	2x4=	5x3=	4x2=
6x3=	3x6=	2x2=	4x2=
2x5=	6x5=	4x2=	3x2=
2x3=	5x4=	2x6=	3x5=

Date .... / Score ....

4x2=	5x2=	2x6=	6x4=
6x2=	4x3=	5x2=	2x3=
2x2=	4x6=	3x2=	5x4=
6x2=	3x2=	4x2=	5x3=
2x3=	5x2=	3x3=	4x2=
4x2=	2x2=	4x3=	3x3=
2x5=	3x4=	2x3=	4x2=
5x2=	2x4=	4x2=	3x5=
2x3=	3x2=	2x2=	4x5=
3x4=	2x5=	2x4=	3x2=
5x2=	4x2=	2x2=	3x5=
2x4=	4x3=	3x2=	2x2=
2x4=	5x2=	2x3=	4x2=
3x5=	2x2=	4x2=	2x3=

Date .... / Score ....

$4\times2=$ $\qquad$ $3\times5=$ $\qquad$ $2\times4=$ $\qquad$ $3\times3=$

$5\times3=$ $\qquad$ $4\times3=$ $\qquad$ $2\times3=$ $\qquad$ $3\times5=$

$3\times2=$ $\qquad$ $4\times5=$ $\qquad$ $3\times2=$ $\qquad$ $2\times3=$

$5\times4=$ $\qquad$ $3\times3=$ $\qquad$ $2\times5=$ $\qquad$ $4\times2=$

$3\times4=$ $\qquad$ $5\times2=$ $\qquad$ $2\times3=$ $\qquad$ $3\times3=$

$3\times5=$ $\qquad$ $3\times2=$ $\qquad$ $4\times3=$ $\qquad$ $2\times3=$

$4\times2=$ $\qquad$ $3\times5=$ $\qquad$ $2\times4=$ $\qquad$ $3\times3=$

$5\times3=$ $\qquad$ $4\times3=$ $\qquad$ $2\times3=$ $\qquad$ $3\times5=$

$3\times4=$ $\qquad$ $4\times3=$ $\qquad$ $3\times2=$ $\qquad$ $2\times3=$

$2\times4=$ $\qquad$ $5\times3=$ $\qquad$ $3\times3=$ $\qquad$ $4\times2=$

$3\times5=$ $\qquad$ $3\times2=$ $\qquad$ $4\times3=$ $\qquad$ $2\times3=$

$4\times2=$ $\qquad$ $3\times5=$ $\qquad$ $2\times4=$ $\qquad$ $3\times3=$

$5\times3=$ $\qquad$ $4\times3=$ $\qquad$ $2\times3=$ $\qquad$ $3\times5=$

$3\times2=$ $\qquad$ $4\times5=$ $\qquad$ $3\times2=$ $\qquad$ $2\times3=$

Date ………………………………… / Score ………………

5x4=	3x3=	2x5=	4x2=
3x4=	5x2=	2x3=	3x3=
3x5=	3x2=	4x3=	2x3=
4x2=	3x5=	2x4=	3x3=
5x3=	4x3=	2x3=	3x5=
3x4=	4x3=	3x2=	2x3=
2x4=	5x3=	3x3=	4x2=
3x5=	3x2=	4x3=	2x3=
4x2=	3x5=	2x4=	3x3=
5x3=	4x3=	2x3=	3x5=
2x3=	5x2=	3x3=	4x3=
4x2=	2x2=	4x3=	3x3=
3x5=	3x4=	2x3=	4x3=
5x3=	2x4=	4x2=	3x5=

Date .... / Score ....

3x3=   3x2=   3x2=   4x5=

3x4=   3x5=   2x4=   3x3=

5x2=   4x3=   2x3=   3x5=

3x4=   4x3=   3x2=   2x3=

2x4=   5x3=   3x3=   4x2=

3x5=   3x2=   4x3=   2x3=

4x2=   3x5=   2x4=   3x3=

5x3=   4x3=   2x3=   3x5=

3x2=   4x5=   3x2=   2x3=

5x4=   3x3=   2x5=   4x2=

3x4=   5x2=   2x3=   3x3=

3x5=   3x2=   4x3=   2x3=

4x2=   3x5=   2x4=   3x3=

5x3=   4x3=   2x3=   3x5=

Date .... / Score ....

3x4=	4x3=	3x2=	2x3=
2x4=	5x3=	3x3=	4x2=
3x5=	3x2=	4x3=	2x3=
4x2=	3x5=	2x4=	3x3=
5x3=	4x3=	2x3=	3x5=
3x2=	4x5=	3x2=	2x3=
5x4=	3x3=	2x5=	4x2=
6x2=	3x3=	5x4=	3x6=
4x5=	6x3=	5x2=	2x3=
3x6=	3x5=	6x2=	4x3=
6x3=	3x4=	2x6=	5x2=
2x3=	5x2=	3x3=	4x3=
4x2=	2x2=	4x3=	3x3=
3x5=	3x4=	2x3=	4x3=

Date ……………………………………. / Score ………………

5x3=	2x4=	4x2=	3x5=
3x3=	3x2=	3x2=	4x5=
3x4=	3x5=	2x4=	3x3=
5x2=	4x3=	2x3=	3x5=
3x4=	4x3=	3x2=	2x3=
2x4=	5x3=	3x3=	4x2=
3x5=	3x2=	4x3=	2x3=
4x2=	3x5=	2x4=	3x3=
5x3=	4x3=	2x3=	3x5=
3x2=	4x5=	3x2=	2x3=
5x4=	3x3=	2x5=	4x2=
6x2=	3x3=	5x4=	3x6=
4x5=	6x3=	5x2=	2x3=
3x6=	3x5=	6x2=	4x3=

Date .... / Score ....

6x3=	3x4=	2x6=	5x2=
7x4=	5x3=	3x7=	4x2=
3x6=	7x2=	6x3=	5x3=
4x7=	3x3=	7x3=	2x5=
6x2=	3x7=	4x6=	3x4=
5x7=	2x5=	7x3=	4x3=
3x8=	7x4=	3x7=	2x4=
8x2=	4x3=	2x3=	6x4=
5x8=	3x6=	3x8=	4x7=
8x3=	7x5=	2x4=	5x3=
6x7=	8x3=	3x4=	3x2=
4x6=	3x8=	6x4=	3x5=
2x3=	5x2=	3x3=	4x3=
4x2=	2x2=	4x3=	3x3=

Date .... / Score ....

3x5=	3x4=	2x3=	4x3=
5x3=	2x4=	4x2=	3x5=
3x3=	3x2=	3x2=	4x5=
3x4=	3x5=	2x4=	3x3=
5x2=	4x3=	2x3=	3x5=
3x4=	4x3=	3x2=	2x3=
2x4=	5x3=	3x3=	4x2=
3x5=	3x2=	4x3=	2x3=
4x2=	3x5=	2x4=	3x3=
5x3=	4x3=	2x3=	3x5=
3x2=	4x5=	3x2=	2x3=
5x4=	3x3=	2x5=	4x2=
6x2=	3x3=	5x4=	3x6=
4x5=	6x3=	5x2=	2x3=

Date .... / Score ....

3x6=	3x5=	6x2=	4x3=
6x3=	3x4=	2x6=	5x2=
7x4=	2x5=	3x7=	6x3=
3x6=	4x7=	7x2=	5x3=
7x5=	3x8=	4x3=	2x6=
6x7=	5x3=	6x2=	4x5=
3x7=	3x8=	2x7=	7x3=
8x3=	7x2=	5x6=	3x4=
5x8=	3x2=	4x7=	2x4=
3x7=	4x8=	2x3=	6x3=
8x4=	6x5=	3x2=	7x3=
2x3=	5x2=	3x3=	4x3=
4x2=	2x2=	4x3=	3x3=
3x5=	3x4=	2x3=	4x3=

Date .... / Score ....

5x3=	2x4=	4x2=	3x5=
3x3=	3x2=	3x2=	4x5=
3x4=	3x5=	2x4=	3x3=
5x2=	4x3=	2x3=	3x5=
3x4=	4x3=	3x2=	2x3=
2x4=	5x3=	3x3=	4x2=
3x5=	3x2=	4x3=	2x3=
4x2=	3x5=	2x4=	3x3=
5x3=	4x3=	2x3=	3x5=
3x2=	4x5=	3x2=	2x3=
5x4=	3x3=	2x5=	4x2=
6x2=	3x3=	5x4=	3x6=
4x5=	6x3=	5x2=	2x3=
3x6=	3x5=	6x2=	4x3=

Date .... / Score ....

6x3=   3x4=   2x6=   5x2=

2x7=   6x4=   7x3=   5x7=

4x5=   6x7=   3x5=   7x2=

3x6=   7x4=   6x2=   4x3=

6x3=   3x4=   2x7=   5x2=

7x6=   3x5=   7x2=   4x5=

2x3=   5x2=   3x3=   4x3=

4x2=   2x2=   4x3=   3x3=

3x5=   3x4=   2x3=   4x3=

5x3=   2x4=   4x2=   3x5=

3x3=   3x2=   3x2=   4x5=

3x4=   3x5=   2x4=   3x3=

5x2=   4x3=   2x3=   3x5=

3x4=   4x3=   3x2=   2x3=

Date .... / Score ....

2x4=	5x3=	3x3=	4x2=
3x5=	3x2=	4x3=	2x3=
4x2=	3x5=	2x4=	3x3=
5x3=	4x3=	2x3=	3x5=
3x2=	4x5=	3x2=	2x3=
5x4=	3x3=	2x5=	4x2=
6x2=	3x3=	5x4=	3x6=
4x5=	6x3=	5x2=	2x3=
3x6=	3x5=	6x2=	4x3=
6x3=	3x4=	2x6=	5x2=
3x6=	4x3=	2x3=	3x5=
6x3=	5x3=	2x3=	3x3=
3x4=	6x2=	3x2=	4x3=
2x6=	3x5=	4x3=	2x3=

Date .... / Score ....

5x4=	3x3=	2x5=	4x2=
3x3=	5x2=	2x3=	3x3=
3x3=	3x6=	4x3=	2x4=
4x2=	3x5=	2x2=	5x3=
6x3=	4x3=	5x3=	3x6=
3x2=	5x3=	3x2=	4x3=
2x5=	3x4=	4x3=	3x2=
5x3=	2x3=	3x5=	4x2=
6x2=	4x3=	2x3=	3x6=
3x3=	6x3=	3x2=	2x4=
3x6=	3x5=	4x3=	2x3=
4x2=	3x3=	2x5=	4x2=
2x3=	5x2=	3x3=	4x3=
4x2=	2x2=	4x3=	3x3=

Date .... / Score ....

3x5=	3x4=	2x3=	4x3=
5x3=	2x4=	4x2=	3x5=
3x3=	3x2=	3x2=	4x5=
3x4=	3x5=	2x4=	3x3=
5x2=	4x3=	2x3=	3x5=
3x4=	4x3=	3x2=	2x3=
2x4=	5x3=	3x3=	4x2=
3x5=	3x2=	4x3=	2x3=
4x2=	3x5=	2x4=	3x3=
5x3=	4x3=	2x3=	3x5=
3x2=	4x5=	3x2=	2x3=
5x4=	3x3=	2x5=	4x2=
6x2=	3x3=	5x4=	3x6=
4x5=	6x3=	5x2=	2x3=

Date .... / Score ....

4x6=	3x5=	6x2=	4x4=
6x3=	4x4=	2x6=	5x2=
3x6=	4x4=	2x4=	3x5=
6x4=	5x3=	2x3=	3x4=
4x4=	6x2=	3x2=	4x4=
2x6=	4x5=	4x4=	2x3=
5x4=	3x4=	2x5=	4x2=
4x3=	5x2=	2x3=	3x4=
3x3=	4x6=	4x4=	2x4=
4x2=	3x5=	2x2=	5x4=
6x4=	4x3=	5x3=	3x6=
4x2=	5x4=	3x2=	4x4=
2x5=	4x4=	4x4=	3x2=
5x3=	2x4=	3x5=	4x2=

Date .... / Score ....

6x2=	4x4=	2x4=	3x6=
4x3=	6x4=	3x2=	2x4=
3x6=	4x5=	4x4=	2x3=
4x2=	3x4=	2x5=	4x2=
2x3=	5x2=	3x3=	4x2=
4x2=	2x2=	4x3=	3x3=
3x4=	2x4=	4x2=	3x5=
3x2=	4x2=	4x5=	3x6=
3x4=	5x2=	3x2=	4x2=
2x4=	4x3=	3x2=	4x4=
3x5=	6x2=	5x2=	2x8=
3x6=	4x2=	2x7=	4x2=
6x2=	5x2=	4x3=	4x2=
4x5=	6x2=	5x2=	2x8=

Date .... / Score ....

6x3=	4x2=	2x6=	5x2=
3x6=	5x3=	2x3=	3x5=
6x4=	5x3=	2x3=	3x4=
6x2=	4x2=	3x7=	4x3=
3x6=	6x2=	2x3=	4x4=
4x5=	3x6=	3x2=	5x3=
2x6=	4x2=	4x4=	3x2=
5x4=	2x2=	3x5=	4x2=
6x2=	4x2=	2x6=	3x6=
3x6=	6x2=	3x2=	2x4=
4x2=	3x5=	4x4=	5x3=
6x2=	4x2=	2x8=	3x6=
3x6=	5x3=	4x4=	2x3=
4x2=	3x2=	2x5=	4x2=

Date .... / Score ....

3x3=	5x3=	3x3=	4x3=
4x3=	3x3=	4x3=	3x3=
3x4=	3x4=	4x3=	3x5=
3x3=	4x5=	3x6=	4x7=
3x4=	5x3=	3x3=	4x8=
3x4=	4x3=	3x3=	4x9=
3x5=	6x3=	5x3=	3x8=
3x6=	4x3=	3x7=	4x6=
6x3=	5x3=	3x7=	4x5=
4x5=	6x3=	5x3=	3x9=
6x3=	4x3=	3x6=	5x4=
3x6=	5x3=	3x3=	3x7=
6x5=	5x3=	3x3=	3x4=
6x3=	4x3=	3x7=	4x3=

Date .... / Score ....

3x6=	6x3=	3x3=	4x4=
4x5=	3x6=	3x3=	5x3=
3x6=	4x3=	4x4=	3x3=
5x4=	3x3=	3x5=	4x3=
6x3=	4x3=	3x6=	3x6=
3x6=	6x3=	3x3=	3x4=
4x3=	3x5=	4x4=	5x3=
6x3=	4x3=	3x8=	3x6=
3x6=	5x3=	4x4=	3x3=
4x3=	3x3=	3x5=	4x3=
3x3=	5x3=	3x3=	4x3=
4x3=	3x3=	4x3=	3x3=
3x4=	3x4=	4x3=	3x5=
3x6=	5x3=	3x3=	4x8=

Date .... / Score ....

3x4=	4x3=	3x3=	4x9=
3x5=	6x3=	5x3=	3x8=
3x6=	4x3=	3x7=	4x6=
6x3=	5x3=	3x7=	4x5=
4x5=	6x3=	5x3=	3x9=
6x3=	4x3=	3x6=	5x4=
3x6=	5x3=	3x3=	3x7=
6x5=	5x3=	3x3=	3x4=
6x3=	4x3=	3x7=	4x3=
3x6=	6x3=	3x3=	4x4=
4x5=	3x6=	3x3=	5x3=
3x6=	4x3=	4x4=	3x3=
5x4=	3x3=	3x5=	4x3=
6x3=	4x3=	3x6=	3x6=

Date .... / Score ....

3x6=	6x5=	3x5=	5x4=
4x5=	3x5=	4x4=	5x3=
6x5=	4x5=	5x8=	3x6=
3x6=	5x3=	4x4=	5x10=
4x5=	3x5=	5x5=	4x5=
5x3=	5x5=	3x3=	4x5=
4x5=	5x5=	4x3=	3x3=
3x4=	5x4=	4x5=	3x5=
3x6=	5x5=	3x5=	4x8=
5x4=	4x3=	3x5=	4x9=
3x5=	6x5=	5x5=	5x8=
3x6=	4x5=	5x7=	4x6=
6x5=	5x5=	3x7=	4x5=
4x5=	6x5=	5x5=	5x9=

Date ……………………………………….. / Score ………………

6x3=	4x5=	5x6=	5x4=
3x6=	5x3=	5x3=	3x7=
6x5=	5x3=	5x3=	3x4=
6x5=	4x3=	3x7=	4x3=
3x6=	6x5=	5x3=	4x4=
4x5=	3x6=	3x5=	5x3=
5x6=	4x5=	4x4=	3x5=
5x4=	5x5=	3x5=	4x5=
6x5=	4x5=	5x6=	3x6=
3x6=	6x5=	3x5=	5x4=
4x5=	3x5=	4x4=	5x3=
6x5=	4x5=	5x8=	3x6=
3x6=	5x3=	4x4=	5x10=
4x5=	3x5=	5x5=	4x5=

Date .... / Score ....

8x5=	6x5=	3x5=	4x9=
5x4=	4x5=	5x6=	3x5=
8x3=	5x3=	4x5=	4x6=
5x6=	6x3=	8x5=	3x4=
3x7=	7x5=	8x3=	4x5=
10x5=	9x5=	5x10=	4x8=
5x3=	5x5=	3x3=	4x5=
4x5=	5x5=	4x3=	3x3=
3x4=	5x4=	4x5=	3x5=
3x6=	5x5=	3x5=	4x8=
5x4=	4x3=	3x5=	4x9=
3x5=	6x5=	5x5=	5x8=
3x6=	4x5=	5x7=	4x6=
6x5=	5x5=	3x7=	4x5=

Date .... / Score ....

4x5=	6x5=	5x5=	5x9=
6x3=	4x5=	5x6=	5x4=
3x6=	5x3=	5x3=	3x7=
6x5=	5x3=	5x3=	3x4=
6x5=	4x3=	3x7=	4x3=
3x6=	6x5=	5x3=	4x4=
4x5=	3x6=	3x5=	5x3=
5x6=	4x5=	4x4=	3x5=
5x4=	6x5=	3x5=	4x5=
6x5=	4x5=	5x6=	3x6=
3x6=	6x5=	3x5=	5x4=
4x5=	3x5=	4x4=	5x3=
6x5=	4x5=	5x8=	3x6=
3x6=	5x3=	4x4=	5x10=

Date ………………………………….. / Score ………………

4x5=	3x5=	5x5=	4x8=
8x4=	6x5=	5x9=	4x5=
6x5=	8x3=	7x4=	10x5=
9x5=	6x3=	8x4=	7x5=
8x6=	7x3=	9x5=	6x8=
9x4=	10x3=	7x6=	8x5=
8x4=	9x3=	10x4=	6x9=
7x5=	8x6=	9x7=	10x5=
8x3=	9x5=	6x10=	7x8=
9x5=	10x3=	7x9=	8x7=
6x9=	8x4=	9x5=	7x10=
8x5=	7x3=	10x4=	9x6=
9x4=	6x5=	7x8=	10x7=
8x6=	9x3=	10x5=	7x9=

Date ………………………………….. / Score ………………

7x6=	10x5=	9x7=	8x10=
9x4=	8x3=	7x5=	10x6=
8x4=	9x6=	6x7=	10x9=
7x8=	6x4=	9x5=	8x7=
8x5=	7x9=	10x3=	6x8=
9x5=	8x4=	6x9=	7x10=
10x4=	7x3=	9x6=	8x7=
8x6=	10x5=	9x7=	7x8=
9x5=	8x3=	10x5=	7x9=
8x4=	9x3=	10x4=	6x9=
7x5=	8x6=	9x7=	10x5=
8x3=	9x5=	6x10=	7x8=
9x5=	10x3=	7x9=	8x7=
6x9=	8x4=	9x5=	7x10=

Date ………………………………… / Score ………………

8x5=	7x3=	10x4=	9x6=
9x4=	6x5=	7x8=	10x7=
8x6=	9x3=	10x5=	7x9=
7x6=	10x5=	9x7=	8x10=
9x4=	8x3=	7x5=	10x6=
8x4=	9x6=	6x7=	10x9=
7x8=	6x4=	9x5=	8x7=
8x5=	7x9=	10x3=	6x8=
9x5=	8x4=	6x9=	7x10=
10x4=	7x3=	9x6=	8x7=
8x6=	10x5=	9x7=	7x8=
9x5=	8x3=	10x5=	7x9=
8x4=	9x3=	10x4=	6x9=
7x5=	8x6=	9x7=	10x5=

Date .... / Score ....

8x3=	9x5=	6x10=	7x8=
9x5=	10x3=	7x9=	8x7=
6x9=	8x4=	9x5=	7x10=
8x5=	7x3=	10x4=	9x6=
9x4=	6x6=	7x8=	10x7=
8x6=	9x3=	10x5=	7x9=
7x6=	10x5=	9x7=	8x10=
9x4=	8x3=	7x5=	10x6=
8x4=	9x6=	6x7=	10x9=
7x8=	6x3=	9x5=	8x7=
8x5=	7x9=	10x3=	6x8=
9x5=	8x4=	6x9=	7x10=
10x4=	7x3=	9x6=	7x7=
6x3=	7x5=	8x3=	9x5=

Date .... / Score ....

8x5=	6x4=	9x3=	7x4=
6x5=	7x3=	8x4=	9x4=
9x5=	8x5=	6x6=	7x5=
6x7=	8x6=	9x6=	7x6=
6x8=	9x7=	8x8=	7x7=
9x8=	6x10=	7x8=	8x9=
9x9=	6x10=	7x10=	8x10=
10x10=	9x10=	8x7=	6x6=
7x9=	10x9=	8x5=	6x9=
7x10=	10x8=	9x6=	8x8=
10x7=	9x9=	6x7=	7x7=
8x6=	9x5=	7x8=	6x8=
8x9=	6x10=	7x10=	9x7=

Date …………………………….. / Score ………………

9x8=	10x10=	8x7=	6x6=
7x9=	10x9=	8x5=	6x9=
7x10=	10x8=	9x6=	8x8=
10x7=	9x9=	6x7=	7x7=
8x6=	9x6=	7x8=	6x8=
8x9=	6x10=	7x10=	9x7=
9x8=	10x10=	8x7=	6x6=
7x9=	10x9=	8x5=	6x9=
7x10=	10x8=	9x6=	8x8=
10x7=	9x9=	6x7=	7x7=
8x6=	9x5=	7x8=	6x8=
8x9=	6x10=	7x10=	9x7=
9x8=	10x10=	8x7=	6x6=
7x9=	10x9=	8x5=	6x9=

Date .... / Score ....

7x10=	10x8=	9x6=	8x8=
10x7=	9x9=	6x7=	7x7=
8x6=	9x5=	7x8=	6x8=
8x9=	6x10=	7x10=	9x7=
9x8=	10x10=	8x7=	6x6=
7x9=	10x9=	8x5=	6x9=
7x10=	10x8=	9x6=	8x8=
10x7=	9x9=	6x7=	7x7=
8x6=	9x6=	7x8=	6x8=
8x9=	6x10=	7x10=	9x7=
9x8=	10x10=	8x7=	6x6=
7x9=	10x9=	8x5=	6x9=
7x10=	10x8=	9x6=	8x8=
10x7=	9x9=	6x7=	7x7=

Date .... / Score ....

8x6=	9x5=	7x8=	6x8=
8x9=	6x10=	7x10=	9x7=
9x8=	10x10=	8x7=	6x6=
7x9=	10x9=	8x5=	6x9=
7x10=	10x8=	9x6=	8x8=
10x7=	9x9=	6x7=	7x7=
8x6=	9x7=	7x8=	6x8=
8x9=	6x10=	7x10=	9x7=
9x8=	10x10=	8x7=	6x6=
7x9=	10x9=	8x5=	6x9=
7x10=	10x8=	9x6=	8x8=
10x7=	9x9=	6x7=	7x7=
8x6=	9x5=	7x8=	8x5=
6x7=	8x9=	9x6=	7x8=

Date .... / Score ....

10x5=	6x8=	9x7=	8x6=
7x6=	10x7=	8x7=	9x8=
6x9=	7x10=	9x8=	8x9=
10x8=	7x7=	8x9=	9x7=
6x10=	9x8=	10x6=	8x7=
7x8=	9x6=	8x7=	10x9=
6x7=	8x9=	9x6=	7x8=
10x5=	6x8=	9x7=	8x6=
7x6=	10x7=	8x7=	9x8=
6x9=	7x10=	9x8=	8x9=
10x8=	7x6=	8x9=	9x7=
6x10=	9x8=	10x6=	8x7=
7x8=	9x6=	8x7=	10x9=
6x7=	8x9=	9x6=	7x8=

Date ………………………………….. / Score ………………

10x6=	6x8=	9x7=	8x6=
7x6=	10x7=	8x7=	9x8=
6x9=	7x10=	9x8=	8x9=
10x8=	7x6=	8x9=	9x7=
6x10=	9x8=	10x6=	8x7=
7x8=	9x6=	8x7=	10x9=
8x6=	10x5=	6x8=	7x6=
9x7=	8x7=	10x8=	7x8=
6x7=	9x6=	8x9=	9x8=
10x6=	6x9=	7x10=	8x7=
6x7=	9x8=	8x9=	10x9=
7x8=	10x5=	6x8=	9x7=
8x6=	10x7=	8x7=	9x8=
10x8=	7x6=	8x9=	9x7=

Date .... / Score ....

6x10=	9x8=	10x6=	8x7=
7x8=	9x6=	8x7=	10x9=
6x6=	7x5=	8x5=	9x6=
10x8=	7x6=	8x6=	9x7=
10x7=	6x9=	9x8=	10x9=
7x7=	10x6=	8x7=	9x9=
6x9=	7x8=	10x7=	8x9=
9x7=	6x6=	10x8=	9x8=
8x6=	7x5=	9x6=	10x9=
6x8=	8x7=	10x7=	9x9=
7x7=	10x6=	9x8=	8x9=
9x7=	6x6=	10x8=	9x8=
8x6=	7x7=	9x6=	10x9=
6x8=	8x7=	10x7=	9x9=

Date .... / Score ....

7x7=

10x6=

9x8=

8x9=

9x7=

6x6=

10x8=

9x8=

8x6=

7x5=

9x6=

10x9=

6x8=

8x7=

10x7=

9x9=

7x7=

10x6=

9x8=

8x9=

9x7=

6x6=

10x8=

9x8=

8x6=

7x5=

9x6=

10x9=

6x8=

8x7=

10x7=

9x9=

7x7=

10x6=

9x8=

8x9=

9x7=

6x6=

10x8=

9x8=

8x6=

7x5=

9x6=

10x9=

6x8=

8x7=

10x7=

9x9=

7x7=

10x7=

9x8=

8x9=

9x7=

6x6=

10x8=

9x8=

Date .... / Score ....

8x6=	7x5=	9x6=	10x9=
6x8=	8x7=	10x7=	9x9=
6x3=	7x5=	8x3=	9x5=
4x6=	5x7=	6x8=	7x9=
8x4=	9x5=	10x6=	6x7=
7x8=	5x9=	9x10=	8x7=
10x3=	6x5=	8x5=	7x4=
9x6=	7x6=	6x8=	5x7=
4x10=	9x5=	10x6=	6x7=
7x8=	5x9=	9x10=	8x7=
10x3=	6x5=	8x5=	7x4=
9x6=	7x4=	6x8=	5x7=
4x10=	9x5=	10x6=	6x7=
7x8=	5x9=	9x10=	8x7=

Date ………………………………….. / Score ………………

10x3=	6x5=	8x5=	7x4=
9x6=	7x4=	6x8=	5x7=
4x10=	9x5=	10x6=	6x7=
7x8=	5x9=	9x10=	8x7=
10x3=	6x5=	8x5=	7x4=
9x6=	7x5=	6x8=	5x7=
4x10=	9x5=	10x6=	6x7=
7x8=	5x9=	9x10=	8x7=
10x3=	6x5=	8x5=	7x4=
9x6=	7x4=	6x8=	5x7=
4x10=	9x5=	10x6=	6x7=
7x8=	5x9=	9x10=	8x7=
6x5=	7x3=	8x4=	9x5=
8x5=	6x4=	7x5=	8x5=

Date .... / Score ....

9x3=	6x7=	7x4=	8x3=
9x7=	7x7=	8x7=	9x4=
6x7=	9x6=	8x3=	9x6=
7x7=	6x9=	8x4=	9x8=
8x7=	7x6=	9x7=	8x7=
6x8=	9x7=	8x6=	7x3=
9x4=	8x7=	7x6=	9x7=
8x4=	6x9=	9x8=	7x7=
9x6=	7x9=	8x3=	6x7=
8x7=	9x6=	7x4=	8x6=
9x7=	6x8=	9x4=	7x7=
9x8=	7x7=	6x9=	8x7=
8x8=	9x7=	8x7=	6x6=
7x3=	8x6=	6x4=	9x7=

Date .... / Score ....

9x3=	6x7=	8x7=	7x4=
8x7=	9x4=	8x3=	7x6=
9x6=	8x3=	9x8=	6x9=
6x7=	9x7=	8x6=	7x9=
8x7=	6x9=	9x4=	8x4=
9x7=	7x6=	8x7=	7x7=
6x8=	9x7=	8x6=	7x3=
9x4=	8x7=	7x6=	9x7=
8x4=	6x9=	9x8=	7x7=
9x6=	7x9=	8x3=	6x7=
8x7=	9x6=	7x4=	8x6=
9x7=	6x8=	9x4=	7x7=
9x8=	7x7=	6x9=	8x7=
8x8=	9x7=	8x7=	6x6=

Date .... / Score ....

7x6=	8x6=	6x4=	9x5=
9x6=	6x5=	8x5=	7x4=
8x5=	9x4=	8x6=	7x6=
9x6=	8x6=	9x8=	7x5=
9x5=	8x7=	7x9=	9x4=
6x6=	7x5=	8x6=	9x5=
8x5=	6x4=	9x6=	7x6=
6x5=	7x4=	8x4=	9x4=
7x5=	8x5=	9x5=	6x6=
6x7=	7x6=	8x6=	9x6=
6x8=	7x7=	8x7=	9x7=
7x8=	6x9=	9x8=	8x8=
8x9=	7x10=	9x9=	6x10=
6x7=	8x5=	9x6=	10x8=

Date .... / Score ....

7x9=	6x8=	10x7=	8x6=
9x8=	7x10=	6x9=	8x9=
10x6=	9x7=	7x8=	6x6=
8x10=	6x7=	9x8=	10x9=
7x6=	10x8=	8x7=	9x10=
6x9=	8x6=	9x7=	10x8=
7x9=	9x10=	6x8=	8x6=
10x7=	8x9=	7x8=	9x6=
6x7=	9x8=	10x9=	8x6=
7x10=	8x7=	6x9=	9x7=
9x6=	10x8=	7x6=	8x9=
8x10=	6x7=	9x8=	10x9=
7x9=	10x7=	8x6=	9x10=
9x8=	7x10=	6x9=	8x9=

Date .... / Score ....

10x6=	9x7=	7x8=	6x6=
8x10=	6x7=	9x8=	10x9=
7x6=	10x8=	8x7=	9x10=
6x9=	8x7=	9x7=	10x8=
7x9=	9x10=	6x8=	8x6=
10x7=	8x9=	7x8=	9x6=
6x7=	9x8=	10x9=	8x6=
7x10=	8x5=	6x9=	9x7=
9x6=	10x8=	7x6=	8x9=
8x10=	6x7=	9x8=	10x9=
7x9=	10x7=	8x6=	9x10=
6x5=	8x3=	7x4=	10x5=
9x5=	6x6=	8x7=	9x8=
10x3=	7x5=	8x5=	6x9=

Date .... / Score ....

9x4=	8x9=	7x8=	10x6=
6x8=	9x9=	10x5=	7x9=
8x10=	9x6=	6x7=	7x10=
10x8=	8x6=	9x5=	6x10=
9x3=	10x7=	6x6=	8x8=
7x7=	9x10=	10x9=	7x8=
8x9=	10x4=	7x6=	9x8=
6x8=	7x9=	10x5=	8x7=
9x10=	6x7=	8x4=	9x6=
10x8=	8x6=	9x3=	6x10=
9x7=	10x5=	6x8=	7x9=
8x10=	9x6=	7x5=	10x4=
6x7=	8x9=	9x8=	7x6=
9x5=	10x5=	7x8=	10x9=

Date .... / Score ....

8x7=	6x9=	8x9=	7x10=
10x6=	8x6=	9x9=	6x10=
9x3=	10x7=	6x6=	8x8=
7x7=	9x10=	10x9=	7x8=
8x9=	10x4=	7x6=	9x8=
6x8=	7x9=	10x9=	8x7=
9x10=	6x7=	8x4=	9x6=
10x8=	8x6=	9x3=	6x10=
9x7=	10x9=	6x8=	7x9=
8x10=	9x6=	7x9=	10x4=
6x7=	8x9=	9x8=	7x6=
9x9=	10x9=	7x8=	10x9=
8x7=	6x9=	8x9=	7x10=
10x6=	8x6=	9x9=	6x10=

Date .... / Score ....

6x8=	7x6=	9x9=	8x4=
10x5=	8x7=	6x9=	7x8=
9x6=	10x6=	7x7=	6x10=
8x6=	9x7=	6x8=	10x7=
7x6=	8x9=	9x8=	10x9=
10x8=	7x9=	8x10=	6x7=
9x10=	8x5=	10x9=	6x9=
7x10=	9x8=	10x7=	6x6=
8x10=	10x7=	7x9=	6x8=
9x6=	8x9=	10x6=	7x8=
10x5=	9x7=	6x7=	8x5=
7x10=	10x6=	9x6=	8x7=
9x8=	6x8=	7x7=	10x8=
6x9=	7x6=	10x9=	8x6=

Date .... / Score ....

8x6=	9x7=	6x8=	7x8=
7x6=	8x9=	9x8=	10x7=
10x8=	7x9=	8x10=	6x7=
9x10=	8x5=	10x9=	6x9=
7x10=	9x8=	10x7=	6x6=
8x10=	10x8=	7x9=	6x8=
9x6=	8x9=	10x6=	7x8=
10x5=	9x7=	6x7=	8x5=
7x10=	10x6=	9x6=	8x7=
9x8=	6x8=	7x7=	10x8=
6x9=	7x6=	10x9=	8x4=
8x6=	9x7=	6x8=	7x8=
7x6=	8x9=	9x8=	10x7=
10x8=	7x9=	8x10=	6x7=

Date .... / Score ....

9x10=	8x5=	10x9=	6x9=
7x10=	9x8=	10x7=	6x6=
8x10=	10x7=	7x9=	6x8=
9x6=	8x9=	10x6=	7x8=
10x5=	9x7=	6x7=	8x5=
7x10=	10x6=	9x6=	8x7=
9x8=	6x8=	7x7=	10x8=
6x9=	7x7=	10x9=	8x4=
8x6=	9x7=	6x8=	7x8=
7x6=	8x9=	9x8=	10x7=
10x8=	7x9=	8x10=	6x7=
9x10=	8x5=	10x9=	6x9=
7x10=	9x8=	10x7=	6x6=
8x10=	10x7=	7x9=	6x8=

Date .... / Score ....

9x6=	8x9=	10x6=	7x8=
10x5=	9x7=	6x7=	8x5=
7x10=	10x6=	9x6=	8x7=
9x8=	6x8=	7x7=	10x8=
6x9=	7x10=	10x9=	8x4=
8x6=	9x7=	6x8=	7x8=
7x6=	8x9=	9x8=	10x7=
10x8=	7x9=	8x10=	6x7=
9x10=	8x5=	10x9=	6x9=
7x10=	9x8=	10x7=	6x6=
8x10=	10x7=	7x9=	6x8=
9x6=	8x9=	10x6=	7x8=
10x5=	9x7=	6x7=	8x5=
7x10=	10x6=	9x6=	8x7=

Date .... / Score ....

9x8=	6x8=	7x7=	10x8=
6x9=	7x6=	10x9=	8x4=
8x6=	9x7=	6x8=	7x8=
7x6=	8x9=	9x8=	10x7=
10x8=	7x9=	8x10=	6x7=
9x10=	8x5=	10x9=	6x9=
7x10=	9x8=	10x7=	6x6=
8x10=	10x8=	7x9=	6x8=
9x6=	8x9=	10x6=	7x8=
10x5=	9x7=	6x7=	8x5=
7x10=	10x6=	9x6=	8x7=
9x8=	6x8=	7x7=	10x8=
6x9=	7x6=	10x9=	8x4=
8x6=	9x7=	6x8=	7x8=

Date .... / Score ....

7x6=	8x9=	9x8=	10x7=
10x8=	7x9=	8x10=	6x7=
9x10=	8x5=	10x9=	6x9=
7x10=	9x7=	10x7=	6x6=
8x10=	10x7=	7x9=	6x8=
9x6=	8x9=	10x6=	7x8=
10x5=	9x7=	6x7=	8x5=
7x10=	10x6=	9x6=	8x7=
9x8=	6x8=	7x7=	10x8=
6x9=	7x6=	10x9=	8x4=
8x6=	9x7=	6x8=	7x8=
7x6=	8x9=	9x8=	10x7=
10x8=	7x9=	8x10=	6x7=
9x10=	8x5=	10x9=	6x9=

Date .... / Score ....

7x10=	9x8=	10x7=	6x6=
8x10=	10x7=	7x9=	6x8=
9x6=	8x9=	10x6=	7x8=
10x5=	9x7=	6x7=	8x5=
7x10=	10x6=	9x6=	8x7=
9x8=	6x9=	7x7=	10x8=
6x9=	7x6=	10x9=	8x4=
8x6=	9x7=	6x8=	7x8=
7x6=	8x9=	9x8=	10x7=
10x8=	7x9=	8x10=	6x7=
9x10=	8x5=	10x9=	6x9=
7x10=	9x8=	10x7=	6x6=
8x10=	10x7=	7x9=	6x8=
9x6=	8x9=	10x6=	7x8=

Date .... / Score ....

10x5=	9x7=	6x7=	8x5=
7x10=	10x6=	9x6=	8x7=
9x8=	6x8=	7x7=	10x8=
6x9=	7x9=	10x9=	8x4=
8x6=	9x7=	6x8=	7x8=
7x6=	8x9=	9x8=	10x7=
10x8=	7x9=	8x10=	6x7=
9x10=	8x5=	10x9=	6x9=
7x10=	9x8=	10x7=	6x6=
8x10=	10x7=	7x9=	6x8=
9x6=	8x9=	10x6=	7x8=
10x5=	9x7=	6x7=	8x5=
7x10=	10x6=	9x6=	8x7=
9x8=	6x8=	7x7=	10x8=

Date .... / Score ....

6x9=	7x6=	10x9=	8x4=
8x6=	9x7=	6x8=	7x8=
7x6=	8x9=	9x8=	10x7=
10x8=	7x9=	8x10=	6x7=
9x10=	8x7=	10x9=	6x9=
7x10=	9x8=	10x7=	6x6=
8x10=	10x7=	7x9=	6x8=
9x6=	8x9=	10x6=	7x8=
10x5=	9x7=	6x7=	8x5=
7x10=	10x6=	9x6=	8x7=
9x8=	7x7=	9x6=	6x7=
6x7=	8x5=	9x6=	10x8=
7x6=	9x8=	6x9=	8x10=
10x9=	7x8=	6x10=	9x7=

Date .... / Score ....

8x9=	10x7=	9x10=	6x8=
7x9=	10x6=	8x7=	9x6=
6x7=	8x10=	9x6=	10x8=
7x6=	9x8=	6x9=	8x10=
10x9=	7x8=	6x10=	9x7=
8x9=	10x7=	9x10=	6x8=
7x9=	10x6=	8x7=	9x5=
6x7=	8x5=	9x6=	10x8=
7x6=	9x8=	6x9=	8x10=
10x9=	7x8=	6x10=	9x7=
8x9=	10x7=	9x10=	6x8=
7x9=	10x6=	8x7=	9x5=
6x7=	8x10=	9x6=	10x8=
7x6=	9x8=	6x9=	8x10=

Date ……………………………………….. / Score ………………

10x9=	7x8=	6x10=	9x7=
8x9=	10x7=	9x10=	6x8=
7x9=	10x6=	8x7=	9x5=
6x7=	8x6=	9x6=	10x8=
7x6=	9x8=	6x9=	8x10=
10x9=	7x8=	6x10=	9x7=
8x9=	10x7=	9x10=	6x8=
7x9=	10x6=	8x7=	9x5=
6x7=	8x5=	7x7=	9x5=
8x4=	6x5=	7x5=	9x7=
7x4=	9x5=	6x5=	8x7=
6x6=	7x5=	8x7=	9x4=
7x6=	9x5=	6x5=	8x4=
8x5=	6x7=	7x4=	9x5=

Date .... / Score ....

9x6=	7x5=	8x9=	6x4=
6x5=	9x5=	7x4=	8x5=
9x6=	8x9=	6x5=	7x6=
8x4=	7x5=	9x4=	6x6=
6x5=	9x9=	8x5=	7x6=
9x5=	8x9=	7x4=	6x5=
7x5=	6x4=	9x5=	8x6=
9x9=	8x4=	7x5=	6x6=
8x5=	7x9=	9x4=	6x5=
9x5=	6x4=	8x6=	7x5=
7x4=	9x5=	8x6=	6x9=
9x6=	8x9=	6x5=	7x5=
8x4=	7x5=	9x4=	6x4=
6x5=	9x9=	8x5=	7x9=

Date .... / Score ....

7x5=	6x5=	9x6=	8x4=
8x8=	7x4=	6x6=	9x5=
9x6=	8x5=	7x6=	6x5=
8x8=	7x5=	9x4=	6x6=
9x5=	8x8=	7x4=	6x5=
7x5=	6x4=	9x5=	8x6=
9x8=	8x4=	7x5=	6x6=
8x5=	7x8=	9x4=	6x5=
9x5=	6x4=	8x6=	7x5=
7x4=	9x5=	8x6=	6x8=
9x6=	8x8=	6x5=	7x5=
8x4=	7x5=	9x4=	6x4=
6x5=	9x8=	8x5=	7x8=
7x5=	6x5=	9x6=	8x4=

Date .... / Score ....

8x3=	7x8=	6x6=	9x5=
9x6=	8x5=	7x6=	6x5=
8x3=	7x5=	9x8=	6x6=
9x5=	8x3=	7x8=	6x5=
7x5=	6x8=	9x5=	8x6=
9x3=	8x8=	7x5=	6x6=
8x5=	7x3=	9x8=	6x5=
9x5=	6x8=	8x6=	7x5=
7x8=	9x5=	8x6=	6x3=
9x6=	8x3=	6x5=	7x5=
8x8=	7x5=	9x8=	6x8=
6x5=	9x3=	8x5=	7x3=
7x5=	6x5=	9x6=	8x8=
8x3=	7x8=	6x6=	9x5=

Date .... / Score ....

9x6=   8x5=   7x6=   6x5=

8x3=   7x5=   9x4=   6x6=

9x5=   8x3=   7x4=   6x5=

7x5=   6x7=   9x5=   8x6=

9x3=   8x4=   7x5=   6x6=

8x5=   7x3=   9x4=   6x5=

9x5=   6x4=   8x6=   7x6=

6x7=   8x6=   9x8=   10x5=

7x9=   6x10=   8x7=   9x6=

10x8=   7x6=   9x7=   8x9=

6x8=   10x7=   9x6=   8x5=

7x10=   8x6=   9x8=   6x9=

10x7=   9x6=   8x5=   7x8=

6x7=   8x9=   9x10=   10x6=

Date .... / Score ....

7x9=	6x10=	8x7=	9x6=
10x8=	7x6=	9x7=	8x9=
6x8=	10x7=	9x6=	8x5=
7x10=	8x6=	9x8=	6x9=
10x7=	9x6=	8x5=	7x8=
6x7=	8x9=	9x10=	10x6=
7x9=	6x10=	8x7=	9x6=
10x8=	7x6=	9x7=	8x9=
6x8=	10x7=	9x6=	8x5=
7x10=	8x7=	9x8=	6x9=
10x7=	9x6=	8x5=	7x8=
6x7=	8x9=	9x10=	10x6=
7x9=	6x10=	8x7=	9x6=
10x8=	7x6=	9x7=	8x9=

Date .... / Score ....

6x8=	10x7=	9x6=	8x5=
7x10=	8x6=	9x8=	6x9=
10x7=	9x6=	8x5=	7x8=
6x7=	8x9=	9x10=	10x6=
7x9=	6x10=	8x7=	9x6=
10x8=	7x6=	9x7=	8x9=
6x8=	10x7=	9x6=	8x5=
7x10=	8x6=	9x8=	6x9=
10x7=	9x6=	8x5=	7x8=
6x7=	9x5=	8x3=	10x5=
7x4=	6x9=	7x3=	8x9=
9x8=	7x7=	10x3=	8x6=
6x8=	9x6=	7x8=	10x4=
8x5=	6x9=	9x4=	7x6=

Date .... / Score ....

10x5=	7x9=	8x4=	6x7=
9x3=	10x6=	8x7=	7x10=
6x10=	9x5=	7x5=	8x8=
10x7=	8x9=	6x6=	9x7=
7x8=	6x7=	9x10=	10x8=
8x10=	10x3=	6x9=	9x6=
9x4=	7x10=	8x6=	10x4=
6x8=	9x7=	10x5=	8x4=
7x6=	8x5=	9x4=	6x7=
10x6=	7x9=	8x7=	9x5=
6x10=	8x4=	9x8=	7x7=
10x7=	8x9=	6x6=	9x3=
7x8=	9x5=	10x3=	8x6=
6x9=	7x5=	8x8=	10x5=

Date ………………………………….. / Score ………………

10x5=	8x7=	9x4=	7x6=
9x10=	10x6=	6x9=	8x5=
7x10=	6x8=	9x7=	10x4=
9x6=	7x9=	8x4=	6x7=
10x7=	8x9=	6x6=	9x4=
7x8=	6x7=	9x10=	10x8=
8x10=	10x3=	6x9=	9x6=
9x4=	7x10=	8x6=	10x4=
6x8=	9x7=	10x5=	8x4=
7x6=	8x5=	9x4=	6x7=
10x6=	7x9=	8x7=	9x5=
6x10=	8x4=	9x8=	7x7=
10x7=	8x9=	6x6=	9x3=
7x8=	6x9=	9x10=	10x8=

Date .... / Score ....

Date .... / Score ....

7x8=	6x7=	9x10=	10x8=
8x10=	10x3=	6x9=	9x6=
9x5=	7x10=	8x6=	10x5=
6x8=	9x7=	10x5=	8x5=
7x6=	8x5=	9x5=	6x7=
10x6=	7x9=	8x7=	9x5=
6x10=	8x5=	9x8=	7x7=
7x8=	6x7=	9x10=	10x8=
8x10=	10x3=	6x9=	9x6=
9x5=	7x10=	8x6=	10x5=
6x8=	9x7=	10x5=	8x5=
7x6=	8x5=	9x5=	6x7=
10x6=	7x9=	8x7=	9x5=
6x10=	8x5=	9x8=	7x7

Date ………………………………….. / Score ………………

7x8 =	6x7 =	9x10 =	10x8 =
8x10 =	10x9 =	6x9 =	9x6 =
9x9 =	7x10 =	8x6 =	10x9 =
6x8 =	9x7 =	10x5 =	8x9 =
7x6 =	8x5 =	9x9 =	6x7 =
10x6 =	7x9 =	8x7 =	9x5 =
6x10 =	8x9 =	9x8 =	7x7 =
7x8 =	6x7 =	9x10 =	10x8 =
5x9 =	9x6 =	7x12 =	11x7 =
8x9 =	12x2 =	6x5 =	10x9 =
9x7 =	5x10 =	11x9 =	9x8 =
7x9 =	10x11 =	9x8 =	6x12 =
9x2 =	11x6 =	8x9 =	5x11 =
12x7 =	9x9 =	10x7 =	9x5 =
5x8 =	6x10 =	12x9 =	8x11 =
9x12 =	7x9 =	11x5 =	10x6 =

Date .... / Score ....

8x10 =	10x3 =	6x9 =	9x6 =
9x4 =	7x10 =	8x6 =	10x4 =
6x8 =	9x7 =	10x8 =	8x4 =
7x6 =	8x8 =	9x4 =	6x7 =
10x6 =	7x9 =	8x7 =	9x8 =
6x10 =	8x4 =	9x8 =	7x7 =
7x8 =	6x7 =	9x10 =	10x8 =
7x8 =	6x7 =	9x10 =	10x8 =
8x10 =	10x3 =	6x9 =	9x6 =
9x4 =	7x10 =	8x6 =	10x4 =
6x8 =	9x7 =	10x8 =	8x4 =
7x6 =	8x8 =	9x4 =	6x7 =
10x6 =	7x9 =	8x7 =	9x8 =
6x10 =	8x4 =	9x8 =	7x7 =
7x8 =	6x7 =	9x10 =	10x8 =

Date …………………………………….. / Score ………………

5x9 =	4x8 =	7x12 =	11x6 =
4x7 =	12x2 =	8x11 =	9x5 =
10x4 =	6x11 =	4x9 =	7x6 =
8x5 =	9x4 =	5x7 =	12x8 =
6x10 =	10x7 =	8x4 =	11x4 =
9x8 =	7x5 =	4x6 =	12x9 =
6x12 =	11x4 =	5x8 =	9x7 =
10x4 =	4x6 =	7x9 =	8x10 =
4x7 =	8x6 =	11x9 =	5x12 =
9x4 =	7x10 =	6x11 =	12x8 =
10x5 =	4x9 =	8x12 =	11x4 =
6x8 =	9x7 =	4x10 =	12x5 =
7x5 =	10x8 =	5x11 =	8x12 =
4x12 =	6x9 =	11x7 =	9x4 =
5x8 =	12x10 =	7x4 =	8x11 =
10x6 =	4x8 =	9x11 =	6x12 =

Date .... / Score ....

5x6 =	11x8 =	9x12 =	7x5 =
10x7 =	6x4 =	8x11 =	12x9 =
5x9 =	7x10 =	4x8 =	9x11 =
12x5 =	8x6 =	10x5 =	6x9 =
7x4 =	9x11 =	11x6 =	5x8 =
10x12 =	8x5 =	6x7 =	9x4 =
4x10 =	7x8 =	11x5 =	12x6 =
5x6 =	9x10 =	8x4 =	10x7 =
6x8 =	10x9 =	7x12 =	11x5 =
5x11 =	8x5 =	9x6 =	12x4 =
7x4 =	10x7 =	6x9 =	8x11 =
12x5 =	4x9 =	11x5 =	9x7 =
6x12 =	5x8 =	10x4 =	8x9 =
7x10 =	9x4 =	11x6 =	5x8 =
4x10 =	7x8 =	11x5 =	9x12 =
5x6 =	8x4 =	10x5 =	6x7 =

Date .... / Score ....

8x7 =	12x9 =	5x11 =	10x4 =
7x10 =	9x3 =	7x12 =	11x5 =
4x9 =	8x11 =	10x7 =	7x5 =
12x7 =	9x7 =	11x3 =	5x8 =
10x8 =	7x12 =	8x4 =	9x10 =
7x4 =	10x7 =	7x9 =	3x8 =
9x5 =	11x7 =	4x10 =	8x3 =
5x7 =	7x8 =	9x12 =	10x3 =
7x8 =	10x9 =	7x12 =	11x5 =
5x11 =	8x3 =	9x7 =	12x4 =
7x4 =	10x7 =	7x9 =	8x11 =
12x5 =	4x9 =	11x3 =	9x7 =
7x12 =	5x8 =	10x4 =	8x9 =
7x10 =	9x4 =	11x7 =	3x8 =
4x10 =	7x8 =	11x5 =	9x12 =
5x7 =	8x4 =	10x3 =	7x7 =

Date .... / Score ....

8x7 =	12x9 =	5x11 =	10x5 =
6x10 =	9x3 =	7x12 =	11x5 =
5x9 =	8x11 =	10x6 =	7x5 =
12x6 =	9x7 =	11x3 =	5x8 =
10x8 =	6x12 =	8x5 =	9x10 =
7x5 =	10x7 =	6x9 =	3x8 =
9x5 =	11x6 =	5x10 =	8x3 =
5x6 =	7x8 =	9x12 =	10x3 =
6x8 =	10x9 =	7x12 =	11x5 =
5x11 =	8x3 =	9x6 =	12x5 =
7x5 =	10x7 =	6x9 =	8x11 =
12x5 =	5x9 =	11x3 =	9x7 =
6x12 =	5x8 =	10x5 =	8x9 =
7x10 =	9x5 =	11x6 =	3x8 =
5x10 =	7x8 =	11x5 =	9x12 =
5x6 =	8x5 =	10x3 =	6x7 =

Date .... / Score ....

8x7 =	12x9 =	5x11 =	10x4 =
6x10 =	9x6 =	7x12 =	11x5 =
4x9 =	8x11 =	10x6 =	7x5 =
12x6 =	9x7 =	11x6 =	5x8 =
10x8 =	6x12 =	8x4 =	9x10 =
7x4 =	10x7 =	6x9 =	6x8 =
9x5 =	11x6 =	4x10 =	8x6 =
5x6 =	7x8 =	9x12 =	10x6 =
6x8 =	10x9 =	7x12 =	11x5 =
5x11 =	8x6 =	9x6 =	12x4 =
7x4 =	10x7 =	6x9 =	8x11 =
12x5 =	4x9 =	11x6 =	9x7 =
6x12 =	5x8 =	10x4 =	8x9 =
7x10 =	9x4 =	11x6 =	6x8 =
4x10 =	7x8 =	11x5 =	9x12 =
5x6 =	8x4 =	10x6 =	6x7 =

Date ……………………………….. / Score ………………

8x7 =	12x9 =	5x11 =	10x7 =
6x10 =	9x3 =	7x12 =	11x5 =
7x9 =	8x11 =	10x6 =	7x5 =
12x6 =	9x7 =	11x3 =	5x8 =
10x8 =	6x12 =	8x7 =	9x10 =
7x7 =	10x7 =	6x9 =	3x8 =
9x5 =	11x6 =	7x10 =	8x3 =
5x6 =	7x8 =	9x12 =	10x3 =
6x8 =	10x9 =	7x12 =	11x5 =
5x11 =	8x3 =	9x6 =	12x7 =
7x7 =	10x7 =	6x9 =	8x11 =
12x5 =	7x9 =	11x3 =	9x7 =
6x12 =	5x8 =	10x7 =	8x9 =
7x10 =	9x7 =	11x6 =	3x8 =
7x10 =	7x8 =	11x5 =	9x12 =
5x6 =	8x7 =	10x3 =	6x7 =

Date …………………………….. / Score ………………

Date …………………………………… / Score ………………

Date …………………………………. / Score ………………

www.ingramcontent.com/pod-product-compliance
Lightning Source LLC
Chambersburg PA
CBHW080225260726
48658CB00008B/3003